U0247086

优秀技术工人
百工百法丛书

丁正江
工作法

焦家式金矿
预测勘查

中华全国总工会 组织编写

丁正江 著

中国工人出版社

技术工人队伍是支撑中国制造、中国创造的重要力量。我国工人阶级和广大劳动群众要大力弘扬劳模精神、劳动精神、工匠精神，适应当今世界科技革命和产业变革的需要，勤学苦练、深入钻研，勇于创新、敢为人先，不断提高技术技能水平，为推动高质量发展、实施制造强国战略、全面建设社会主义现代化国家贡献智慧和力量。

——习近平致首届大国工匠
创新交流大会的贺信

优秀技术工人百工百法丛书

编委会

编委会主任：徐留平

编委会副主任：马　璐　潘　健

编委会成员：王晓峰　程先东　王　铎

张　亮　高　洁　李庆忠

蔡毅德　陈杰平　秦少相

刘小昶　李忠运　董　宽

序

党的二十大擘画了全面建设社会主义现代化国家、全面推进中华民族伟大复兴的宏伟蓝图。要把宏伟蓝图变成美好现实，根本上要靠包括工人阶级在内的全体人民的劳动、创造、奉献，高质量发展更离不开一支高素质的技术工人队伍。

党中央高度重视弘扬工匠精神和培养大国工匠。习近平总书记专门致信祝贺首届大国工匠创新交流大会，特别强调"技术工人队伍是支撑中国制造、中国创造的重要力量"，要求工人阶级和广大劳动群众要"适应当今世界科技革命和产业变革的需要，勤学苦练、深入钻研，勇于创新、敢为人先，不断提高技术技能水平"。这些亲切关怀和殷殷厚望，激励鼓舞着亿万职工群众弘扬劳模精神、劳动精神、工匠精神，奋进新征程、建功新时代。

近年来，全国各级工会认真学习贯彻习近平总书记关于工人阶级和工会工作的重要论述，特别是关于产业工人队伍建设改革的重要指示和致首届大国工匠创新交流大会贺信的精神，进一步加大工匠技能人才的培养选树力度，叫响做实大国工匠品牌，不断提高广大职工的技术技能水平。以大国工匠为代表的一大批杰出技术工人，聚焦重大战略、重大工程、重大项目、重点产业，通过生产实践和技术创新活动，总结出先进的技能技法，产生了巨大的经济效益和社会效益。

深化群众性技术创新活动，开展先进操作

法总结、命名和推广，是《新时期产业工人队伍建设改革方案》的主要举措。为落实全国总工会党组书记处的指示和要求，中国工人出版社和各全国产业工会、地方工会合作，精心推出"优秀技术工人百工百法丛书"，在全国范围内总结 100 种以工匠命名的解决生产一线现场问题的先进工作法，同时运用现代信息技术手段，同步生产视频课程、线上题库、工匠专区、元宇宙工匠创新工作室等数字知识产品。这是尊重技术工人首创精神的重要体现，是工会提高职工技能素质和创新能力的有力做法，必将带动各级工会先进操作法总结、命名和推广工作形成热潮。

此次入选"优秀技术工人百工百法丛书"作者群体的工匠人才，都是全国各行各业的杰出技术工人代表。他们总结自己的技能、技法和创新方法，著书立说、宣传推广，能让更多人看到技术工人创造的经济社会价值，带动更多产业工人积极提高自身技术技能水平，更好地助力高质量发展。中小微企业对工匠人才的孵化培育能力要弱于大型企业，对技术技能的渴求更为迫切。优秀技术工人工作法的出版，以及相关数字衍生知识服务产品的推广，将对中小微企业的技术进步与快速发展起到推动作用。

当前，产业转型正日趋加快，广大职工对于技术技能水平提升的需求日益迫切。为职工群众创造更多学习最新技术技能的机会和条件，传播普及高效解决生产一线现场问题的工法、技法和创新方法，充分发挥工匠人才的"传帮带"作用，工会组织责无旁贷。希望各地工会能够总结命名推广更多大国工匠和优秀技术工人的先进工作法，培养更多适应经济结构优化和产业转型升级需求的高技能人才，为加快建设一支知识型、技术型、创新型劳动者大军发挥重要作用。

中华全国总工会兼职副主席、大国工匠

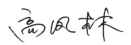

作者简介
About The
Author

丁正江

　　1977 年出生，博士，工程技术应用研究员。曾任山东省地矿局总工程师，现任山东省地矿局第六地质大队党委书记、大队长，自然资源部深部金矿勘查开采技术创新中心主任，深部金矿探测大数据应用开发山东省工程研究中心主任，山东省地矿局深部找矿创新团队首席专家。主要从事地质矿产勘查、地质科学理论研究、深部找矿技术研发等工作。

他先后主持国家重点研发计划、国家自然科学基金、山东省重点研发计划等重要科研和勘查项目 30 余项，5 项科研成果达到国际领先或国际先进水平。在《美国地质学会会刊》（GSA Bulletin）、《大地构造学》（Tectonics）、《岩石学报》等期刊合作发表论文 100 篇（其中 SCI 34 篇），出版专著 11 部（担任第一作者 3 部），共同主编《岩石矿物学杂志》1 期，获授权发明专利 9 项，参与制定国家行业标准 2 项、省地方行业标准 2 项。探获世界首例海上超大型金矿和首例新类型黄铁矿碳酸盐脉型特大型金矿。

他获得"全国五一劳动奖章""中国产学研工匠精神奖""齐鲁最美科技工作者"等荣誉 10 余项，先后入选山东省有突出贡献中青年专家、自然资源部杰出青年科技人才和科技领军人才。

担任矿产储量国际报告标准委员会（CRISRCO）山东省泰山学者特聘专家合资格人；吉林大学、山东大学、山东科技大学等 7 校所兼职教授／校外导师。培养李四光地质科学奖获得者、全国技术能手等省部级及以上人才 10 余人次。

水因善下终归海，群山阅遍始见金。

丁晓明

目　　录
Contents

引　言
Introduction

黄金是国家重要战略资源，世界各国均重视黄金资源勘查，全球每年投入黄金勘查和研究的经费占固体矿产勘查总投入的40% 以上。经过多年勘查研究，我国已成为世界黄金大国，已探明的黄金储量位居世界第二，黄金产量和消费量位居世界第一。然而，我国黄金产、销之间还有巨大缺口，如 2021 年我国黄金产量 328.98t，黄金实际消费量达 1120.9t。

自 2011 年《找矿突破战略行动纲要（2011—2020 年）》实施以来，胶东地区在成矿理论、探测装备、找矿技术方法等方面取得重大进展，已累计探明黄金资源量超 5000t，约占全国的 1/3，发展了焦家式金矿、胶东型金矿和黄铁矿碳酸盐脉型金矿的理论研究。近年来，新技术方法在该区域 2000m 以浅的隐伏矿床勘查中发挥了重要作用。然而，浅部资源趋于枯竭，深部矿床勘查开发已成为大趋势。对于深部资源勘查尚存在若干亟待解决的关键难题：第一，中生代构造演化与成矿的耦合关系不清楚，亟须解决去哪儿找矿、找什么样的矿；第二，深部矿体定位及识别不清楚，亟须破解深部矿体赋存规律及其识别定位难的问题；第三，深部地质结构看不到，亟待突破地质勘查大数据三维可视化应用技术瓶颈。

　　本书主要围绕胶东地区焦家式金矿深部找矿关键理论、技术问题，以完善发展成矿理论、研发精细三维探测技术和三维成矿预测技术、攻克深部找矿方法、实现找矿突破为目标，创新和集成"成矿理论、三维勘查、深部探测、示范应用"全链条矿产资源勘查理论与技术应用体系，为下一步找矿工作提供必要的理论和技术支持。

总体指导思路为，基于胶东地区金矿严格受断裂构造控制，矿体主要赋存于相对封闭的扩容空间，控矿断裂带往往发育标志性断层泥，综合采用地质、地球物理、地球化学等方法手段，分别针对不同深度矿体，优选快速便捷、经济高效的技术方法组合，精准预测矿化富集部位，为钻探验证提供靶区。

第一讲

地质找矿技术路线图

深部金矿预测勘查找矿方法的技术路线如图1所示。

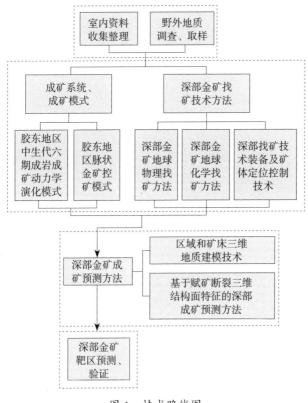

图 1　技术路线图

第二讲

胶东地区金矿成矿系统与成矿模式

一、胶东地区中生代六期成岩成矿动力学演化模式

结合古太平洋板块的形成、发育及运动特征，辅以区域地质构造特征和矿床成因研究，厘定出胶东地区中生代六期成岩成矿动力学演化阶段（图2），包括：a.陆陆碰撞造山期（220~205Ma）；b.被动陆缘向活动陆缘转换、地壳增生期（160~155Ma）；c.地壳增生向垮塌转换期（135~125Ma）；d.岩石圈大规模拆沉、壳幔强烈作用期（125~115Ma）；e.陆缘弧俯冲作用期（115~100Ma）；f.弧后岩石圈强烈伸展期（100~90Ma）。

二、胶东地区脉状金矿控矿模式

胶东地区脉状金矿形成于早白垩世构造体转换背景下，矿体定位于断裂构造半封闭扩容部位。早白垩世早期［图2（c）］，胶东地区地壳增生达到顶峰，岩石圈发生大规模拆沉，古太平洋

NCP-华北板块；YZP-扬子板块；PP-伊泽奈奇板块；TLF-郯庐断裂

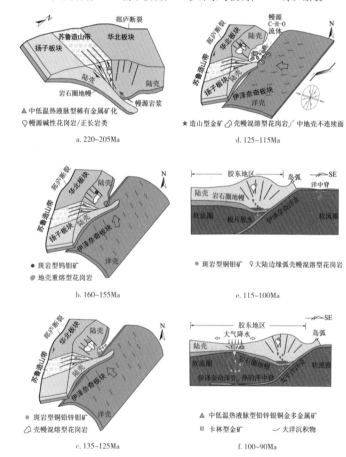

图2　胶东地区中生代六期成岩成矿动力学演化模式
图（丁正江，2014）

板块俯冲加速，导致郯庐断裂带发生大规模左旋平移。早白垩世中期［图 2（d）］，古太平洋板块高角度俯冲和后撤，胶东地区处于后俯冲伸展环境，岩石圈加剧拆沉，壳幔产生强烈作用，壳幔重熔岩浆与幔源物质大规模迅速上升，携带了巨量金成矿物质的幔源 C—H—O 流体与地壳进行大范围物质交换，沿深部断裂上升运移至地壳浅部成矿。在找矿实践和深入研究中发现，大型控矿断裂由浅部向深部延伸，其倾角往往发生陡—缓交替变化，而蚀变岩型矿体主要赋存于断裂的缓倾角段和陡—缓转折部位。大规模成矿前，古太平洋板块向 NW 低角度快速俯冲，胶东地区受挤压应力控制，NE-NNE 向断裂呈压扭性［图 2（c），图 3］。成矿期受古太平洋板块后撤影响，区域断裂性质逆转，呈右行剪切。早先次级压扭性 NE 向断裂，在局部走向偏 NEE 处出现张扭性空间，在 NNE 向部位仍表现为压性，但已相对松弛，属于封闭—半封闭空间［图2（d），图3］。区域上转为伸展构造体系，主要控矿断裂由挤压向伸展转换，断裂的缓倾角段和陡—缓转折部位由成矿前的张性转为成矿期的相对压性，形成了半封闭的扩容空间（图3）。宽大断裂缓倾段顶部压力大，流体在近等压条件下以渗流方式横向缓慢运移，与构造岩发生充分交代作用，沉淀形成蚀变岩型金矿体。而在断裂陡倾段，流体由深部高应力区域向浅部低应力区域快速逸散，不易沉淀成矿。次级断裂带在相对狭小的空间以泵吸充填方式为主，形成石英脉型金矿体。

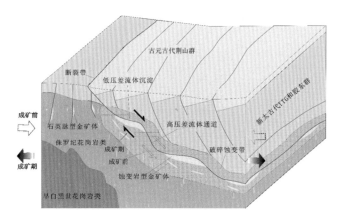

图 3　胶东地区脉状金矿控矿模式图（据宋明春等，2020 修）

第三讲

深部金矿找矿技术方法

一、深部金矿地球物理找矿方法

1. 深部金矿勘查地球物理技术方法

由于深部金矿的埋藏深度大，其在地表显示的信息微弱而复杂，常规勘查技术很难对它们精确定位，需要创新探测技术方法，使之达到高精度、大探测深度和强抗干扰能力。近几年来，深部金矿地球物理找矿方法体系不断完善，并运用到深部金矿找矿工作中，取得了明显的探测效果。

（1）高精度磁测法

高精度磁测法具有读数精度高、观测参数多和野外施工方便快速等特点。新型的高精度磁力仪自动化程度高，可点测也可自动连续观测，分辨率达 0.01nT。高精度磁测法是胶东地区金矿勘查的有效地球物理手段，其中面积性磁测可用于实现岩性填图、断裂体系划分、控矿构造识别等。大比例尺磁测扫面工作是精确识别矿床（田）尺度的控矿构造平面不可或缺的手段。2.5D 磁测反演、3D 磁化率物性反演主要用于解译金成矿相关的成矿地质体、成矿结构面垂向指标，包括埋深、厚度、侵位等重要参数，反演深度可达几百米至几千米（表1）。

表1　高精度磁测法技术性能分析一览表

项　目			说　明
解决的地质问题			控矿断裂高精度平面识别，成矿地质体、成矿结构面垂向解译
主要优点			读数精度高，施工快捷，探测成本低
存在的问题			受人文干扰影响明显，存在假异常
分辨率	岩性界面	磁性差异明显	横向分辨能力强，纵向分辨可能存在反演误差或多解性
		磁性差异不明显或无磁性	难分辨
	主干断裂带	上、下盘岩性不同，磁性差异明显	可分辨，深部纵向分辨能力减弱
		上、下盘岩性相同，无明显磁性差异	难分辨
	次级断裂带	上、下盘岩性不同，磁性差异明显	可分辨，深部纵向分辨能力减弱
		上、下盘岩性相同，无明显磁性差异	难分辨
	隐伏断裂（有低阻覆盖）		优势明显，一般可分辨
勘探深度	与目标体磁性、剖面长度等相关		几百米至几千米

（2）激发极化法（IP）

激发极化法是胶东地区金矿中浅部勘查最直接、最有效的地球物理手段，该方法不仅能够发现致密块状金属矿体，还能用于探测浸染状矿体。该方法受地形影响较小，一般不会因地形起伏引起视极化率假异常，广泛用于胶东地区破碎蚀变岩型、（硫化物）石英脉型等不同类型金矿的勘查。其中大比例尺激电扫面（多采用激电中梯装置）、激电测深（多采用对称四级装置）是胶东地区金矿最为普遍使用的激电方法，其勘查深度一般在 500m 以浅（表2）。

表2　激发极化法技术性能分析一览表

项　　目			说　　明	
解决的地质问题			控矿断裂平面识别，高极化体（硫化物、厚大矿体等）垂向探测	
主要优点			受地形影响较小，极化率参数采集稳定	
存在的问题			受人文干扰影响明显，同时受炭质化、石墨化等岩性影响明显，存在假异常	
分辨率	岩性界面	电性差异明显	横向分辨能力强，纵向分辨可能存在反演误差或多解性	
		电性差异不明显或无磁性	难分辨	
	主干断裂带	上、下盘岩性不同，电性差异明显	可分辨，深部纵向分辨能力减弱	
		上、下盘岩性相同，电性显磁性差异	难分辨	
	次级断裂带	上、下盘岩性不同，电性差异明显	可分辨，深部纵向分辨能力减弱	
		上、下盘岩性相同，电性显磁性差异	难分辨	
	隐伏断裂（有低阻覆盖）		可识别	
	勘探深度		500m以浅	

（3）电性源短偏移距瞬变电磁法（SOTEM）

电性源短偏移距瞬变电磁法是一种新型瞬变电磁工作方法。它利用长 500 ~ 2000m 的接地长导线为发射源，供以强度 10 ~ 40A 的双极性矩形阶跃电流，并在小于 2 倍探测深度的偏移距范围内观测瞬变电磁场。这种工作方法一方面提高了观测信号的信噪比，另一方面降低了体积效应的影响，从而大大降低了数据处理的难度并提高了处理结果的准确度。实际工作中，观测垂直磁场分量随时间的导数（感应电压）和水平电场分量而变化。在高阻围岩条件下，没有地形引起的假异常，所得到的异常幅度大、形态简单、受旁侧影响较小，提高了对地质体的横向分辨能力。该方法近年来在胶东地区金矿勘查中使用，探测深度一般在 2000m 以浅（表 3）。

表3 电性源短偏移距瞬变电磁法技术性能分析一览表

项 目			说 明	
解决的地质问题			探测成矿结构面（断裂带、岩性接触带、厚大矿体等）	
主要优点			人工场源，抗干扰能力较强，经济高效	
存在的问题			强干扰压制，噪声去噪，场源复印，阴影效应，拟合反演算法改进	
分辨率	岩性界面		电性差异明显	横向可分辨，深部纵向分辨能力减弱
			电性差异不明显	难分辨
	断裂带		上、下盘岩性不同，电性差异明显	可分辨，深部纵向分辨能力减弱
			上、下盘岩性相同，无明显电性差异	有可能分辨
	隐伏断裂（有低阻覆盖）		难分辨	
	矿体识别		识别矿体低阻异常区	可分辨
勘探深度	中—低阻区		几百米	
	中高—高阻区		1000 ～ 2000m	

（4）可控源音频大地电磁测量法（CSAMT）

可控源音频大地电磁测量法具有勘探深度

范围相对较大、工作效率高、水平方向分辨能力强、受地形影响小、高阻层的屏蔽作用小等优点。在胶东地区深部金矿勘查中，可控源音频大地电磁测量法主要用于推断解释成矿结构面及其深部变化特征（表4）。胶东地区除沿海地区受海水倒灌影响会有一定的低阻屏蔽外，其余大多数地区均属于中高阻覆盖情况，数据处理如果舍弃受场源影响的低频段，反演深度可在1000~2000m以浅。

表4 可控源音频大地电磁测量法技术性能分析一览表

项　目	说　明
解决的地质问题	探测成矿结构面（断层、断裂带、岩性接触带、构造滑脱带等）
主要优点	人工场源，抗干扰能力较强，经济高效
存在的问题	强干扰压制，地形影响，静态位移影响，场源效应，阴影复制

续表

项　目		说　明	
分辨率	岩性界面	电性差异明显	横向可分辨，深部纵向分辨能力减弱
		电性差异不明显	难分辨
	主干断裂带	上、下盘岩性不同，电性差异明显	可分辨，深部纵向分辨能力减弱
		上、下盘岩性相同，无明显电性差异	有可能分辨
	次级断裂带	上、下盘岩性不同，电性差异明显	可分辨，深部纵向分辨能力减弱
		上、下盘岩性相同，无明显电性差异	有可能分辨
	隐伏断裂（有低阻覆盖）	难分辨	
勘探深度	中—低阻区	几百米	
	中—高阻区	1000 米以浅	
	高—特高阻区	2000 米以浅	

（5）大地电磁测量法（MT）

大地电磁测量法有诸多优点：勘探深度大；资料处理和解释技术成熟；横向分辨能力较强；勘探费用低，施工灵活；不受高阻屏蔽影响等。

在胶东地区大地电磁测量法主要用于推断解释成矿结构面及其深部变化特征，包括断层、断裂带、岩性接触带、构造滑脱带等（表5），也用于辅助研究上地壳、岩石圈的电性结构，解决与华北克拉通破坏相关的地学前沿课题。应用结果显示，在胶东地区金矿集区开展5000m以浅的深部探测，大地电磁测量法有较好的应用效果。

表5 大地电磁测量法技术性能一览表

项 目	说 明
解决的地质问题	探测成矿结构面（断层、断裂带、岩性接触带、构造滑脱带等），辅助研究上地壳、岩石圈的电性结构
主要优点	勘探深度大，资料处理与解释技术成熟，横向分辨能力较强，勘探费用低、施工灵活，不受高阻屏蔽影响
存在的问题	抗强干扰能力差，受体积效应、静态位移影响，纵向分辨力随深度增加迅速减弱

续表

项　目		说　明	
分辨率	岩性界面	电性差异明显	横向可分辨，深部纵向分辨能力减弱
		电性差异不明显	难分辨
	主干断裂带	上、下盘岩性不同，电性差异明显	可分辨，深部纵向分辨能力减弱
		上、下盘岩性相同，无明显电性差异	有可能分辨
	次级断裂带	上、下盘岩性不同，电性差异明显	可分辨，深部纵向分辨能力减弱
		上、下盘岩性相同，无明显电性差异	有可能分辨
	隐伏断裂（有低阻覆盖）	难分辨	
勘探深度		勘探深度可至地壳	

（6）频谱激电测量法（SIP）

频谱激电测量法的主要优点有：野外观测常采用偶极装置，异常幅度大，几何穿透深度大；观测某一时间段的极化场（总场），接收机具有选频和滤波系统，具有较强的抗干扰能力；可观测研究的参数多，多参数组合解释能够提供更丰富的地质信息，对评价激电异常源性质可提供较多的途径，提高寻找隐伏矿的能力（表6）。频谱激电测量法可用于解决胶东地区深部金矿探测有关问题，如在控矿构造带（如断裂带、破碎带、蚀变带、矽卡岩带、岩性接触带等）或物化探目标异常带中寻找并圈定局部矿化体，在成矿母岩中寻找并圈定局部矿化富集体，追索或控制已知矿体的水平外延或垂向下延等，其采集深度一般不超过2000m。

表6 频谱激电测量法技术性能分析一览表

项 目	说 明
解决的地质问题	发现极化体，对极化体的属性进行判断，追索或控制已知矿体的水平外延或垂向下延
主要优点	接收信号强，勘探深度大，解释参数多，有益于评价异常源性质，具有较强的抗干扰能力
存在的问题	效率低，成本高，激电参数分离反演复杂，异常解释难度大

续表

项　目	说　明	
分辨率	极化体	可分辨
	识别矿与非矿	有可能分辨
	矿化背景中寻找相对富集体	有可能分辨
勘探深度（几何深度）	100m 以浅	空白区，数据难采集
	100 ～ 2000m	通过改变装置系数基本可以实现
	2000m 以深	数据采集非常困难

（7）广域电磁法 (WFEM)

广域电磁法在胶东地区深部金矿探测方面具有明显的优势，具有勘探深度大、纵向分辨率高、经济高效等特点，主要用于推断解释成矿结构面及其深部变化特征，包括断层、断裂带、岩性接触带、构造滑脱带等（表 7），在胶东地区其解译深度可达 5000m 以浅。

表7 广域电磁法技术性能一览表

项 目		说 明	
解决的地质问题		探测成矿结构面（断层、断裂带、岩性接触带、构造滑脱带等）	
主要优点		勘探深度大，纵向分辨率高，经济高效	
存在的问题		纵向分辨率和抗干扰能力需要进一步提高	
分辨率	岩性界面	电性差异明显	横向分辨率高，综合分辨率高
		电性差异不明显	难分辨
	主干断裂带	上、下盘岩性不同，电性差异明显	可分辨，纵向分辨率高
		上、下盘岩性相同，无明显电性差异	有可能分辨
	隐伏断裂（有低阻覆盖）	难分辨	
勘探深度	中—低阻区	5000m以浅	
	高阻区	8000m以浅	

2. 深部金矿重磁电 3D 联合反演技术

胶东地区勘查研究深入，基础地质、矿产勘查及各类物化探资料齐全。利用 GeoModeller 软件进行重磁电 3D 联合反演，首先，对数据进行整理、标准化集成、输入，数据分为 3D 模型构建基础数据、3D 模型构建约束数据和重磁电 3D

联合反演基础数据等 3 类（表 8），需要转换成国际通用的 egs 格式，形成重磁资料 2D、3D 视图。其次，进行 3D 地质模型构建。进行地质信息提取，形成较为理想的 3D 地质初始模型，之后可通过可视化软件展示 3D 地质模型。最后，进行重磁电 3D 联合反演及 3D 地质模型重塑。

表 8　重磁电 3D 联合反演技术数据表

数据类型	名称	比例尺	必要性
3D 模型构建基础数据	区域地质图	1∶5 万	必要
	20 ～ 300 线可控源音频大地电磁测量地质解译剖面	1∶1 万	必要
3D 模型构建约束数据	地质矿产图	1∶1 万	—
	矿区钻孔资料	—	—
	已知地质剖面	1∶5000/1∶2000	—
	布格重力等值线图	1∶5 万	—
	高精度磁测等值线图	1∶5 万	—
	可控源音频大地电磁测量视电阻率等值线图	1∶5 万	—
重磁电 3D 联合反演基础数据	布格重力数据（egs）	1∶5 万	必要
	高精度磁测数据（egs）	1∶5 万	必要
	物性数据	—	必要

二、深部金矿地球化学找矿方法

1. 典型金矿床元素地球化学特征

（1）金矿床中元素富集、贫化研究方法

①元素富集、贫化特征研究方法

元素富集、贫化特征是指与确定的参比标准相比，研究区内与成矿有关的地质体中元素的含量状况。如果元素含量比参比标准高，称为富集；如果元素含量比参比标准低，称为贫化；如果元素含量基本持平，称为惰性。本书采用中国东部岩石平均化学组成作为地质体中元素含量富集、贫化的参比标准，并利用富集系数（q）进行比较，并进一步将富集、贫化程度划分为 5 个等级。

a. 富集元素

微量元素。弱富集：$2 < q \leqslant 5$；中等富集：$5 < q \leqslant 10$；富集：$10 < q \leqslant 20$；明显富集：$20 < q \leqslant 40$；显著富集：$q > 40$。

常量元素。弱富集：$1.2 < q \leqslant 1.4$；中等富

集：$1.4 < q \leqslant 1.6$；富集：$1.6 < q \leqslant 1.8$；明显富集：$1.8 < q \leqslant 2$；显著富集：$q > 2$。

b. 贫化元素

弱贫化：$0.9 > q \geqslant 0.7$；中等贫化：$0.7 > q \geqslant 0.5$；贫化：$0.5 > q \geqslant 0.3$；明显贫化：$0.3 > q \geqslant 0.1$；显著贫化：$q < 0.1$。

c. 惰性元素

惰性微量元素：$0.9 < q < 2$；惰性常量元素：$0.9 < q < 1.2$。

为了便于归纳分析，本书将微量元素划分为亲铜元素、钨钼族元素、亲石分散元素、矿化剂元素、铁族元素、稀有元素、稀土元素等7类。

②元素富集、贫化规律研究方法

在元素富集、贫化特征研究基础上，对矿床中发生了明显、显著富集及明显、显著贫化的元素进行分析研究，探讨元素的富集、贫化与矿化强度之间的规律性。其方法和步骤如下。

a. 元素排序

按主要成矿元素（单元素或多元素）含量升序方式进行排序。

b. 划分含量段

对矿化蚀变带中的元素分别按照绢英岩化花岗岩、黄铁绢英岩化花岗岩、黄铁绢英岩化碎裂岩等岩性带进行含量统计。

c. 统计平均值

统计各含量段内样品数，计算各含量段内成矿元素及其他元素含量的平均值。

d. 计算元素富集系数

选择与研究区赋矿围岩岩性相同或相近的中国东部岩石元素丰度作为参比标准，利用富集系数表征元素富集、贫化及惰性特征。

e. 探讨元素富集、贫化规律

根据富集系数随成矿元素含量增大而变化的趋势，探讨元素的富集、贫化与矿化强度之间的规律性。

（2）典型金矿区元素富集、贫化特征

①焦家金矿区元素富集、贫化特征

焦家金矿区有关的矿化蚀变花岗岩中，发生富集的元素有：亲铜元素 Au、Ag、As、Cd、Cu、Pb、Se、Hg，钨钼族元素 Mo、W、Bi，亲石分散元素 Ba、Sr，矿化剂元素 S，铁族元素 Cr、Mn，稀有元素 Te 和常量元素 CaO。发生贫化的元素有：亲石分散元素 Rb、Cs，铁族元素 Ti、Ni、Sc、V，稀有元素 Zr、Hf、P、Nb、Li、Be、Ta，常量元素 Na_2O、MgO。呈惰性状态的元素有：亲铜元素 Ga、Ge、Sb、Zn，铁族元素 Co，常量元素 Al_2O_3、K_2O、Fe_2O_3。Au、Ag、As、Cu、In、W、Bi、S、Te、Fe_2O_3、K_2O 与成矿元素含量呈正相关；Se、Ba、Sr、Cr、Hf、La、Ce、Nd、Sm、Eu、Gd、SiO_2、Na_2O、MgO 与成矿元素含量呈负相关，即成矿元素含量越高，这

几个元素含量越低，贫化越明显（表9）。

表9　焦家金矿区元素富集、贫化特征及规律汇总表

元素分类	特征			规律		
	富集	贫化	惰性	正相关	负相关	不相关
亲铜元素	Au、Ag、As、Cd、Cu、Pb、Se、Hg		Ga、Ge、Sb、Zn	Au、Ag、As、Cu、In	Se	Ga、Ge、Pb、Sb、Zn、Hg、Tl
钨钼族元素	Mo、W、Bi			W、Bi		Mo、Sn
亲石分散元素	Ba、Sr	Rb、Cs			Ba、Sr	Rb、Cs
矿化剂元素	S			S		Br、Cl、I、F、H_2O、B
铁族元素	Cr、Mn	Ti、Ni、Sc、V	Co		Cr	Ti、V、Co、Ni、Sc、Mn
稀有元素	Te	Zr、Hf、P、Nb、Li、Be、Ta		Te	Hf	Zr、P、Nb、Li、Be、Ta
稀土元素		REE			La、Ce、Nd、Sm、Eu、Gd	Dy、Ho、Er、Tm、Yb、Lu、Y
常量元素	CaO	Na_2O、MgO	Al_2O_3、K_2O、Fe_2O_3	Fe_2O_3、K_2O	SiO_2、Na_2O、MgO	Al_2O_3、CaO

②三山岛北部海域金矿区元素富集、贫化特征

三山岛北部海域金矿构造蚀变带中，达到富集及以上程度的元素有：亲铜元素 Au、Ag、As、Cd、Cu、Pb，矿化剂元素 S，钨钼族元素 Bi，铁族元素 Cr，常量元素 TFe_2O_3。贫化元素为常量元素 Na_2O。呈惰性状态的元素包括 Ga、Ge、W、Mo、Ba、Sr、Ti、Zr、K_2O、CaO、Al_2O_3、MgO、SiO_2。在富集元素中，Au、Ag、As、Cu、S、Bi、Cr 与成矿元素含量呈正相关，而 TFe_2O_3 与成矿元素含量没有相关性。贫化元素中，Na_2O 与成矿元素含量呈正相关，即成矿元素含量越高，其元素贫化程度越大。惰性元素 Ga、Ge、W、Mo、Ba、Sr、Ti、Zr、K_2O、CaO、Al_2O_3、MgO、SiO_2 等与成矿元素含量没有相关性（表10）。

表10　三山岛北部海域金矿区元素富集、贫化特征及规律汇总表

岩性	元素分类	特征			规律		
		富集	贫化	惰性	正相关	负相关	不相关
构造蚀变带	亲铜元素	Au、Ag、As、Cd、Cu、Pb		Ga、Ge	Au、Ag、As、Cu	Cd、Zn	Ga、Ge、Pb、Sb
	矿化剂元素	S			S		
	钨钼族元素	Bi		W、Mo	Bi		W、Mo
	亲石分散元素			Ba、Sr			Ba、Sr
	铁族元素	Cr		Ti	Cr		Ti
	稀有元素			Zr			Zr
	常量元素	TFe$_2$O$_3$	Na$_2$O	K$_2$O、CaO、Al$_2$O$_3$、MgO、SiO$_2$	Na$_2$O		K$_2$O、CaO、Al$_2$O$_3$、MgO、SiO$_2$、TFe$_2$O$_3$

续表

岩性	元素分类	特征			规律		
		富集	贫化	惰性	正相关	负相关	不相关
下盘花岗岩	亲铜元素	Au、Ag、As、Cd、Cu、Pb		Ga、Ge	Au、Ag、As、Cd、Cu、Pb		Ga、Ge
	矿化剂元素	S			S		
	钨钼族元素			W、Mo、Bi			W、Mo、Bi
	亲石分散元素			Ba、Sr			Ba、Sr
	铁族元素	Cr	Ti		Cr	Ti	
	稀有元素		Zr			Zr	
	常量元素	CaO	MgO	TFe_2O_3、Na_2O、K_2O、Al_2O_3、SiO_2	CaO	MgO	TFe_2O_3、Na_2O、K_2O、Al_2O_3、SiO_2

　　三山岛北部海域金矿下盘花岗岩中，达到富集及以上程度的元素有：亲铜元素 Au、Ag、As、Cd、Cu、Pb，矿化剂元素 S，铁族元素 Cr 和常量元素 CaO。贫化元素有铁族元素 Ti，稀有元

素 Zr 和常量元素 MgO。呈惰性状态的元素包括 Ga、Ge、W、Mo、Bi、Ba、Sr、TFe$_2$O$_3$、Na$_2$O、K$_2$O、Al$_2$O$_3$、SiO$_2$ 等。在富集元素中，Au、Ag、As、Cd、Cu、Pb、S、Cr、CaO 与成矿元素含量呈正相关。贫化元素中，铁族元素 Ti、稀有元素 Zr 和常量元素 MgO 与成矿元素含量呈负相关。惰性元素 Ga、Ge、W、Mo、Bi、Ba、Sr、TFe$_2$O$_3$、Na$_2$O、K$_2$O、Al$_2$O$_3$、SiO$_2$ 等与成矿元素含量没有相关性。

③大尹格庄金矿区元素富集、贫化特征

大尹格庄金矿床矿化蚀变带中（表 11），富集元素有：亲铜元素 Au、Cu，钨钼族元素 Mo、W，矿化剂元素 S，铁族元素 Cr 和常量元素 CaO。贫化元素有：铁族元素 Ti，稀有元素 Zr 和常量元素 Na$_2$O、MgO。呈惰性状态的元素有 Ga、Ge、Ba、Sr、SiO$_2$、Al$_2$O$_3$。Au、Ag、As、Cu、Mo、W、Bi、S、TFe$_2$O$_3$、CaO 与成矿元素含量呈正相关，Na_2O 与成矿元素含量呈负相关，即成矿元素含量越高，Na_2O 含量越低，贫化越明显。Ga、Ge、Ba、Sr、Cr、Ti、Zr、SiO_2、Al_2O_3、K_2O、MgO 与成矿元素含量没有相关性。

表 11 大尹格庄金矿区元素富集、贫化特征及规律汇总表

元素分类	特征			规律		
	富集	贫化	惰性	正相关	负相关	不相关
亲铜元素	Au、Cu		Ga、Ge	Au、Ag、As、Cu		Ga、Ge
钨钼族元素	Mo、W			Mo、W、Bi		
亲石分散元素			Ba、Sr			Ba、Sr
矿化剂元素	S			S		
铁族元素	Cr	Ti				Cr、Ti
稀有元素		Zr				Zr
常量元素	CaO	Na_2O、MgO	SiO_2、Al_2O_3	TFe_2O_3、CaO	Na_2O	SiO_2、Al_2O_3、K_2O、MgO

2. 深部金矿床地球化学多维异常体系及找矿指标

（1）焦家金矿区地球化学勘查指标

①地球化学勘查指标

依据焦家金矿区元素富集、贫化特征，考虑元素的地球化学异常属性及成矿指示作用，将有关元素划分为：成矿环境指标元素、成矿元素、成矿伴生元素、矿化剂元素和惰性组分元素（表12）。

表12 焦家金矿区地球化学勘查指标

元素分类	元素
成矿环境指标元素	Fe_2O_3、MgO、CaO、K_2O、Na_2O、Ba、Sr、Eu、Zn、W、SiO_2
成矿元素	Au、Cu、Pb、Ag、Mo
成矿伴生元素	As、Cd、Bi、Se、In
矿化剂元素	S
惰性组分元素	Ga、Ge、Al_2O_3

②构造蚀变带及围岩的地球化学指标

a.下盘花岗岩地球化学指标

　　焦家金矿区主要为控矿主断裂下盘花岗岩，下盘花岗岩与金成矿关系密切。成矿元素 Au 在下盘花岗岩中含量明显高于上盘花岗岩，成为赋矿花岗岩的直接标志。除成矿元素 Au 外，下盘花岗岩中最显著的元素特征是矿化剂元素 S 富集。在构造蚀变带上盘、下盘花岗岩中，S 平均含量存在明显差异，下盘花岗岩中 S 含量是上盘花岗岩的 3~4 倍。成矿伴生元素 Ag、Pb、Zn、Cd 等的平均含量在构造蚀变带上盘、下盘花岗岩中存在明显差异，其中上盘花岗岩中 Ag、Pb、Zn、Cd 等元素平均含量明显高于下盘花岗岩，下盘花岗岩 W 元素平均含量高于上盘花岗岩。根据上述上盘、下盘花岗岩中元素含量的差异性，总结出焦家金矿区下盘花岗岩地球化学指标（表 13）。

表13　焦家金矿区下盘花岗岩地球化学指标

元素分类	元素	指标值（含量）
成矿元素	Au	$> 0.01 \times 10^{-6}$
矿化剂元素	S	$> 1000 \times 10^{-6}$
成矿伴生元素	Ag、Pb、Zn、Cd	低于正常花岗岩平均化学组成
亲石分散元素	Ba、Sr	Ba：$(1500^{-6} \sim 2500) \times 10^{-6}$； Sr：$(400^{-6} \sim 650) \times 10^{-6}$

b. 构造蚀变带地球化学指标

与上盘、下盘花岗岩中元素平均含量相比，在构造蚀变带中出现显著含量变化的元素有 Au、S、Ba、Sr、MgO 和 Na_2O。其中，Au 和 S 平均含量显著增大，而 Ba、Sr、MgO 和 Na_2O 含量变化与 Au、S 恰好相反，明显降低。上盘、下盘花岗岩中的 Na_2O 含量均与正常花岗岩接近，而在构造蚀变带中，Na_2O、Ba、Sr、MgO 等元素含量不仅低于上盘、下盘花岗岩，有的也低于正常花岗岩，出现明显贫化，成为识别控矿构造蚀变带的有效地球化学指标（表 14）。构造蚀变带最典型的地球化学标志是富集 Au、极大富集 S，同时贫化 Na_2O。

表 14　焦家金矿区构造蚀变带地球化学指标

元素分类	元素	指标值（含量）
成矿元素	Au	$> 0.4 \times 10^{-6}$
矿化剂元素	S	$> 2500 \times 10^{-6}$
常量元素	Na_2O、MgO	Na_2O：$< 3.00\%$； MgO：$< 0.30\%$
亲石分散元素	Ba、Sr	Ba：$(900{\sim}1600) \times 10^{-6}$； Sr：$(150{\sim}450) \times 10^{-6}$

③元素异常分布

根据 112 勘查线钻孔岩石测量 Au、S、Na_2O、MgO、Pb、Zn、Cd、Ag 等元素含量分布图（图 4）分析可知，成矿元素 Au，矿化剂元素 S，成矿伴生元素 Ag、Pb、Zn，亲石分散元素 Ba、Sr 以及常量元素 Na_2O、MgO 含量在不同蚀变带具有差异性。其中，成矿元素 Au 和矿化剂元素 S 的浓集系数由高到低依次为下盘破碎蚀变带、下盘蚀变花岗岩类、上盘蚀变花岗岩类，不同蚀变带内元素含量差异较大（数量级不同）。成矿伴生元素 Ag、Pb、Zn 在下盘破碎蚀变带与下盘蚀变花岗岩的浓集系数差异较大，而上盘花岗岩与下盘蚀变带相近（为同一数量级）。亲石分散元素 Ba、Sr 在不同的蚀变带内差别不大，整体显示下盘破碎蚀变带中亲石分散元素低于两侧的蚀变花岗岩类。常量元素 Na_2O、MgO 在下盘破碎蚀变带中为明显的负异常，低于两侧的花岗岩类（表 15）。这种在不同蚀变带内形成的元素多属性异常体系对深部找矿具有独特的指示作用。

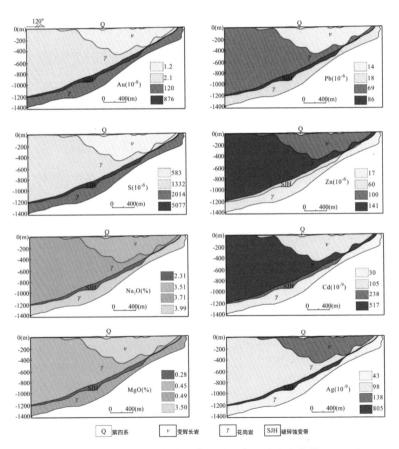

图 4 焦家金矿区 112 勘查线元素含量分布图（张亮亮等，2020）

表15 焦家金矿区断裂带蚀变类型、矿化特征及其地球化学指标

地质体	蚀变类型	矿化特征	元素分类	元素	指标值(浓集系数)
断裂带上盘蚀变花岗岩	钾化、绢英岩化、少量黄铁矿化、碳酸盐化	黄铁矿呈自形浸染状，少量方铅矿呈块状，闪锌矿呈浸染状，几乎没有金矿化	成矿元素	Au	42
			矿化剂元素	S	6.5
			成矿伴生元素	Ag、Pb、Zn	1.6、2.7、3.5
			亲石分散元素	Ba、Sr	2.2、2.2
			常量元素	Na_2O、MgO	1.04
断裂带下盘破碎蚀变带	钾化、绢英岩化、少量黄铁矿化、硅化	黄铁矿呈密集浸染状、块状，方铅矿呈脉状，金矿化呈现规模大、厚度大、品位低、分布均匀的特征	成矿元素	Au	1751
			矿化剂元素	S	63
			成矿伴生元素	Ag、Pb、Zn	13、3.3、1.5
			亲石分散元素	Ba、Sr	2.1、1.4
			常量元素	Na_2O、MgO	0.65、0.44

续表

地质体	蚀变类型	矿化特征	元素分类	元素	指标值（浓集系数）
断裂带下盘蚀变花岗岩	黄铁矿化、绢英岩化、硅化	黄铁矿为网脉状、细脉状、散点状，方铅、闪锌矿几乎不可见，金矿化呈现规模小、厚度薄、局部品位高、分布不均匀的特征	成矿元素	Au	241
			矿化剂元素	S	22
			成矿伴生元素	Ag、Pb、Zn	0.7、0.7、0.4
			亲石分散元素	Ba、Sr	2.9、2.7

（2）三山岛北部海域金矿地球化学相关指标

①地球化学勘查指标

依据三山岛北部海域矿区元素富集、贫化特征及规律研究结果，筛选出地球化学勘查指标（表16）。其中，成矿环境指标元素包括 Fe_2O_3、MgO、CaO、Na_2O、Ba、Sr，成矿元素有 Au、Cu、Zn、Pb、Ag，成矿伴生元素有 As、Sb、Cd、Bi，矿化剂元素有 S，惰性组分元素有 Ga、Ge、Al_2O_3。

表16 三山岛北部海域金矿地球化学勘查指标

元素分类	元素
成矿环境指标元素	Fe_2O_3、MgO、CaO、Na_2O、Ba、Sr
成矿元素	Au、Cu、Zn、Pb、Ag
成矿伴生元素	As、Sb、Cd、Bi
矿化剂元素	S
惰性组分元素	Ga、Ge、Al_2O_3

②构造蚀变带及围岩的地球化学指标

a.下盘花岗岩地球化学指标

构造蚀变带上盘、下盘花岗岩中常量元素含量变化特征显示，下盘花岗岩中 SiO_2、Al_2O_3、CaO、Fe_2O_3、Na_2O 含量略高于上盘花岗岩，而 MgO、K_2O 含量变化趋势与此恰好相反，说明构造蚀变带上盘、下盘花岗岩的主体成分大体一致，存在一定差异。这种差异在包括成矿元素 Au 在内的微量元素中表现得更为明显。成矿元素 Au 在下盘花岗岩中含量明显高于上盘花岗岩，这成为判别下盘花岗岩的直接标志。下盘花岗岩中矿化剂元素 S 和亲铜元素 Ag、Cu、Pb、Zn、As、Sb、Cd 等的平均含量明显高于上盘花岗岩，但上盘花岗岩的元素平均含量高于正常花岗岩。下盘花岗岩常量元素 Fe_2O_3 含量高于上盘花岗岩，与正常花岗岩平均化学组成基本一致，而下盘花岗岩 MgO 含量低于上盘花岗岩，且低于正常花岗岩平均化学组成。

根据上盘、下盘花岗岩中元素含量差异，综合金矿体产自构造蚀变带下盘的客观事实，建立了三山岛北部海域金矿下盘花岗岩的地球化学指标（表 17），典型的地球化学指标是富集 Au、S，而富集 S 是下盘花岗岩更典型的地球化学标志，对深部金矿预测的指示作用更大。即便是在局部没有显现出 Au 富集的地段，只要有富集 S 地质体（花岗岩）存在，就表明深部或周边有发现 Au 矿床的前景和可能。

表17　三山岛北部海域金矿下盘花岗岩的地球化学指标

元素分类	元素	指标值（含量）
成矿元素	Au	$> 100 \times 10^{-9}$
矿化剂元素	S	$> 2500 \times 10^{-6}$
钨钼族元素	Bi	高于花岗岩的平均化学组成
常量元素	Fe_2O_3、MgO	MgO $< 0.40\%$，Fe_2O_3 与正常花岗岩平均化学组成一致

b. 构造蚀变带地球化学指标

与上盘、下盘花岗岩中元素平均含量相比，在构造蚀变带发育地段出现显著含量变化的元素有 Au、S、Ba、Sr、Bi、Fe_2O_3、CaO、MgO 和 Na_2O。其中，Au、S、Bi、Fe_2O_3、MgO 平均含量显著增大，而 Ba、Sr、CaO 和 Na_2O 含量变化与 Au、S 等元素恰好相反，明显降低。

构造蚀变带最典型的地球化学标志是富集 Au、极大富集 S，同时显著贫化 Na_2O（表18）。Na_2O、Ba、Sr 等元素含量不仅低于上盘、下盘花

岗岩，也低于正常花岗岩，出现明显贫化，成为
识别构造蚀变带的地球化学标志。

表18　三山岛北部海域金矿构造蚀变带地球化学标志

元素分类	元素	指标值（含量）
成矿元素	Au	$> 3.0 \times 10^{-6}$
矿化剂元素	S	$> 6500 \times 10^{-6}$
钨钼族元素	Bi	$> 8.0 \times 10^{-6}$
常量元素	Na_2O、CaO、Fe_2O_3	$Na_2O < 0.50\%$；CaO负异常明显，含量与正常花岗岩化学组成基本一致；$Fe_2O_3 > 3.00\%$
亲石分散元素	Ba、Sr	$Ba < 500 \times 10^{-6}$，$Sr < 150 \times 10^{-6}$

③元素异常分布

根据30勘查线钻孔岩石测量S、Na_2O、
CaO、Au、Ag、Bi等元素含量分布图（图5）分
析可知，S最明显的异常出现在构造蚀变带内，
Au矿体即产自S异常带，且下盘花岗岩中Au
含量高于上盘花岗岩。在构造蚀变带中Na_2O的

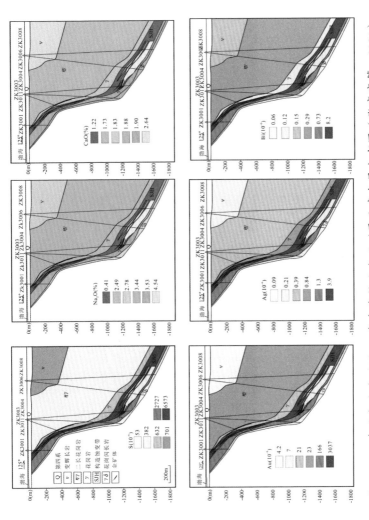

图 5 三山岛北部海域矿区 30 勘查线钻孔岩石测量元素含量分布图（张亮亮等，2021）

含量明显低于上盘、下盘花岗岩，负异常显著。CaO 含量最低，出现较明显的负异常。Au 元素含量在构造蚀变带内异常极其显著，Ag、Bi 元素含量在构造蚀变带内异常显著。总的来看，构造蚀变带的元素异常主要有：Au、S 强正异常，Ag、Bi 正异常，Na_2O 和 CaO 负异常。

（3）大尹格庄金矿床地球化学相关指标

①地球化学勘查指标

依据大尹格庄矿区元素富集、贫化特征及规律研究结果，筛选出大尹格庄金矿床地球化学勘查指标（表 19）。其中，成矿环境指标元素包括 Fe_2O_3、MgO、CaO、K_2O、Na_2O、Mo、W，成矿元素为 Cu、Au、Ag，成矿伴生元素为 As、Cd、Bi、Pb、Zn、Sb，矿化剂元素为 S，惰性组分元素包括 Ga、Ge、SiO_2、Al_2O_3。

表19 大尹格庄金矿床地球化学勘查指标

元素分类	元素
成矿环境指标元素	Fe_2O_3、MgO、CaO、K_2O、Na_2O、Mo、W
成矿元素	Cu、Au、Ag
成矿伴生元素	As、Cd、Bi、Pb、Zn、Sb
矿化剂元素	S
惰性组分元素	Ga、Ge、Si_2O、Al_2O_3

②构造蚀变带及围岩的地球化学指标

a.下盘花岗岩地球化学指标

下盘花岗岩中成矿元素 Au 含量明显高于上盘花岗岩，成为赋矿花岗岩的直接标志。除成矿元素 Au 富集外，下盘花岗岩中最显著的元素含量特征为矿化剂元素 S 富集。上盘花岗岩的亲铜元素 Ag、Cu、Pb、Zn、Cd 等和 MgO 平均含量高于下盘花岗岩（表20）。下盘花岗岩最典型的地球化学标志是富集 Au，同时富集 S，贫化 Ag、Cu、Pb、Zn、Cd 和 MgO。

表20　大尹格庄金矿床下盘花岗岩地球化学指标

元素分类	元素	指标值（含量）
成矿元素	Au	$> 9 \times 10^{-9}$
矿化剂元素	S	$> 600 \times 10^{-6}$
亲铜元素	Ag、Cu、Pb、Zn、Cd	低于正常花岗岩平均化学组成
常量元素	MgO	$< 0.5\%$

b. 构造蚀变带地球化学指标

构造蚀变带发育地段含量显著变化的元素有 Au、S、Ag、Bi 和 Na_2O。其中，Au、S、Ag 和 Bi 平均含量显著增大，而 Na_2O 含量变化与 Au、S、Ag、Bi 恰好相反，明显降低。构造蚀变带中的 Na_2O 含量不仅低于构造蚀变带上盘、下盘花岗岩，同时也低于正常花岗岩，出现明显贫化，这成为识别构造蚀变带的主要地球化学标志之一（表21）。可见，构造蚀变带最典型的地球化学标志是富集 Au、S、Ag、Bi，同时贫化 Na_2O。

表 21　大尹格庄金矿床构造蚀变带地球化学指标

元素分类	元素	指标值（含量）
成矿元素	Au	$> 300 \times 10^{-9}$
成矿伴生元素	Ag	$> 300 \times 10^{-9}$
矿化剂元素	S	$> 1800 \times 10^{-6}$
钨钼族元素	Bi	$> 0.8 \times 10^{-6}$
常量元素	Na_2O	$< 3.00\%$

③元素异常分布

根据 112 勘查线钻孔岩石测量 S、Na_2O、CaO、Au、Ag、Bi 等元素含量分布图（图 6）分析可知，成矿元素 Au 和矿化剂元素 S 的异常在构造蚀变带内最显著，Na_2O 在构造蚀变带中呈负异常，Ag、Zn、Cd 等元素在构造蚀变带下盘花岗岩中平均含量最低，基本没有异常显示，甚至表现为负异常。在构造蚀变带中，Ag、Zn、Cd 等元素的平均含量较构造蚀变带下盘花岗岩有所增加，而且 Ag 增加的幅度比较大，形成了较明显异常。

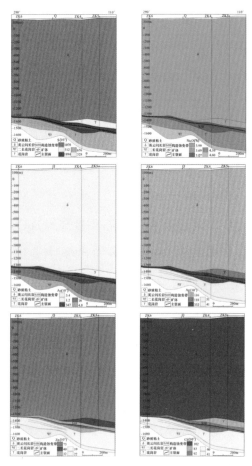

图 6   大尹格庄金矿 112 勘查线钻孔岩石测量元素含量分布
（张亮亮等，2021）

3. 深部金矿地球化学异常模式

（1）矿床构造叠加晕异常模式

通过研究水旺庄金矿床、纱岭—前陈金矿床构造叠加晕模式（图 7），可知每个矿体都有自己的前缘晕（As、Sb、Hg）、近矿晕（Au、Ag、Cu、Pb、Zn）和尾晕（Bi、Mo、W）。当上、下两个矿体相近时，存在上、下两个矿体富集带盲矿体（串珠状矿体）原生晕的叠加结构，即上部矿体的尾晕与下部矿体的前缘晕叠加共存，前缘晕、尾晕共存是进行深部盲矿预测的重要依据。经过对同位叠加结构分析，构造叠加晕模式是Ⅱ、Ⅲ两个主成矿阶段形成的原生晕强度在空间上的同位叠加。

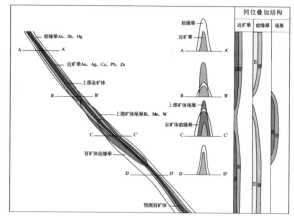

（a）水旺庄金矿床构造叠加晕剖面图

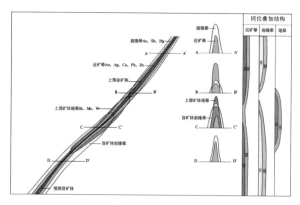

（b）纱岭—前陈金矿床构造叠加晕剖面图

图 7 典型金矿床构造叠加晕模式

（2）多维异常体系地球化学模式

①焦家金矿区多维异常模式

以 S、Au 组合为代表的指示矿源岩的异常与以 Na_2O 为代表的指示热液作用的异常高度吻合，是焦家金矿最具代表性的矿致异常组合。焦家金矿床矿致异常模式由指示直接含矿构造蚀变带和指示初始矿源岩两类地球化学标志构成（图8）。其中，指示含矿构造蚀变带的地球化学标志有 S、Au、W、Ag、Cd 等正异常，Na_2O、Ba、Sr、MgO 等负异常，以 S、Au 正异常和 Na_2O 负异常最为普遍和稳定。指示初始矿源岩的地球化学标志有 S、Au 等正异常和 Ag、Pb、Zn、Cd 等负异常，以 S、Au 较构造蚀变带弱的正异常为典型标志。

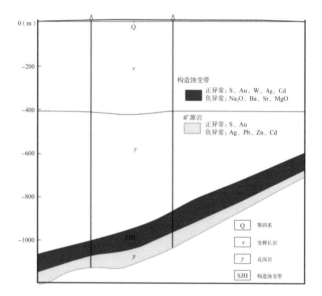

图 8　焦家金矿区多维异常模式（张亮亮等，2021）

②三山岛北部海域矿区多维异常模式

三山岛北部海域矿区多维异常体系中，在构造蚀变带异常性质上，有 S、Au、Ag、Bi 等正异常和 Na_2O、CaO 等负异常。在元素类别上，有 S、Au、Ag、Bi 等微量元素和 Na_2O、MgO 等常量元素。在成矿指示作用上，有成矿元素 Au 和成矿伴生元素 Ag、Bi。在元素地球化学活动性上，有低温元素 Ag 和高温元素 Bi。这些指标异常集中反映了两类地质体的地球化学特性：一类是构造蚀变带是直接的赋矿地质体；另一类是构造蚀变带上盘花岗岩是形成金矿化的矿源岩。三山岛北部海域矿区多维异常模式如图 9 所示。

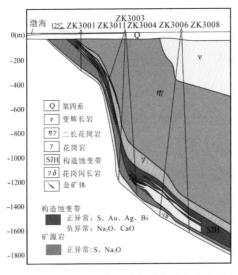

图 9　三山岛北部海域矿区多维异常模式（张亮亮等，2021）

③大尹格庄金矿床多维异常模式

以 S、Au 组合为代表的指示矿源岩的异常与以 Na_2O 为代表的指示热液作用的异常高度吻合，是大尹格庄金矿床最具代表性的矿致异常组合。其多维异常模式（图 10）由指示直接含矿构造蚀变带和指示初始矿源岩的两类地球化学标志构成。其中，指示直接含矿构造蚀变带的地球化学标志有 S、Au、Bi 等正异常和 Na_2O 等负异常，以 S、Au 正异常和 Na_2O 负异常为代表。指示初始矿源岩的地球化学标志有 S、Au 等正异常和 Ag、Cu、Pb、Zn、Cd、MgO 等负异常，以相对构造蚀变带 S、Au 较弱的正异常为典型标志。在胶西北地区，与 Au 成矿关系最密切的负异常以 Na_2O 为代表，只要 Na_2O 等负异常存在，就表明热液成矿的前提存在，深部就有形成金矿的可能性。

（3）金成矿的定量地球化学指标

地质体中元素含量从原岩到蚀变岩的演变，

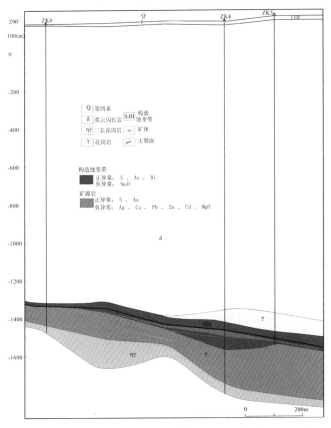

图 10　大尹格庄金矿床多维异常模式（张亮亮，2021）

实际上是受地球化学开放系统中元素质量迁移影响的，涉及地球化学开放系统中元素质量迁移定量计算问题。本书首先采用 Grant 方程对原岩—蚀变岩体系中元素迁移量进行计算，再根据元素迁移量计算结果，对地球化学指标进行定量化分析和总结。

利用地球化学开放系统中惰性组分质量守恒原理，将系统质量变化转变为系统中惰性组分浓度变化，进而为估算其他元素迁移量提供度量标准，不仅能展示出元素在原岩—蚀变岩体系中质量迁移的程度，同时还能展示出元素在原岩—蚀变岩体系中质量迁移的方向。这一点对深部成矿预测尤为重要，也充分展现出多维异常体系中惰性组分质量守恒体系的作用。

本书对焦家、三山岛北部海域和大尹格庄试验区典型勘探线剖面上原岩—蚀变岩体系元素的迁移量进行了计算，提出以下用于金成矿前景预测的定量化地球化学指标。

矿源岩：S 带入量＞1000g/t，Au 带入量＞10mg/t。

金矿化：S 带入量＞3000g/t，Na_2O 带出量 10~20kg/t。

金矿体：S 带入量＞5000g/t，Na_2O 带出量＞20kg/t。

三、深部找矿技术方法组合

1. 基于断裂陡—缓转折控矿的多信息融合识别深部赋矿位置技术

通过大量探测和反复试验，突破用时间域直流电法圈定矿化异常的传统找矿思路束缚，提出了用频率域电磁法探测赋矿构造倾角变化的深部找矿新方法。这一方法将成矿理论认识发展为找矿方法技术，其技术核心是：以断裂缓倾段为识别目标，以频率域电磁法为主要手段，以断裂表面变化率＞0.39、倾角20°～40°为关键信息，构建了基于多方法探测—多信息融合—多目标识别的多参数精细地球物理模型，提出了识别深部断裂缓倾段的地球物理特征是：①电阻率高，低阻梯级异常带、视电阻率等值线呈稀疏、向下同步弯曲"U"形或卧"S"形的特征；②视极化率、视充电率和时间常数高值异常以及相关系数低值异常区；③波状起伏的地震反射波，反射波指示的是断裂带转弯部位及倾角变缓部位。该方法通过高精度地球物理探测，以岩（矿）石物性差异为前提，以重力梯级异常及其转向带、电阻率断面梯级异常陡—缓转折辐射区、高极化率异常特征为标志，查明控矿断裂向深部的结构变化，根据断裂缓倾段赋矿和分段富集规律，预测深部矿的位置、规模。

2.破碎带蚀变岩型深部金矿地质—地球物理找矿模型

（1）地质—地球物理找矿标志

根据已知金矿体的地球物理场特征、矿石结构和构造特征及激电异常展布规律，利用综合地球物理技术方法勘探、解释、推断矿化蚀变带，寻找深部隐伏金矿体的综合地质—地球物理信息标志如下。

①金矿体大部分位于变质岩与花岗岩的接触带上，断层主断面走向或倾角变化的转折部位、断裂带局部膨大部位及不同方向断层的交会部位，是金矿赋存的有利部位。表现在重磁场上，位于重力异常的线性梯度带上尤其是梯度带的转折部位是成矿的有利部位。磁场特征是串珠状、长条状高磁异常带，尤其是磁异常等值线拐弯部位（向外凸出、凹陷部位）是成矿的有利部位。块状重磁异常的边部是深部金矿成矿的有利部位。在视电阻率断面图上，等值线呈稀疏宽大、

向下同步弯曲、低阻、"U"或"V"字形，为金矿赋存有利部位的标志。

②前寒武纪变质岩与金矿床关系密切，变质岩系分布区是寻找深部金矿的地层基础。变质岩系在重力场上显示为块状、重力高，其电阻率特征为相对低阻电性分布区。

③金矿床密集区常分布于玲珑型花岗岩、郭家岭型花岗岩组成的复式岩体内部、边部和周边地区。表现在重力场上为重力低值区的边部（重力高与重力低的过渡带上）。小范围的块状、串珠带状正磁异常边部是深部金矿成矿的有利部位。电阻率特征为典型的高、低阻不同电场分界部位。

④深部金矿常沿断裂构造倾向构成波状分布，反映在地球物理场上表现为：在可控源音频大地电磁测量、大地电磁测量、频谱激电测量、视电阻率断面等值线图上显示为等值线的波动起

伏，在剖面上视电阻率等值线波动转折部位为金矿赋存的有利部位。

⑤频谱激电测量法复电阻率参数断面等值线图上，定向延伸的低阻带为断裂带的标志，低阻带局部变大为断层局部膨大的标志，亦为金矿赋存有利部位的标志。

⑥极化率、充电率高值异常是金属硫化物富集体的标志，即为金矿体赋存有利部位的标志。

⑦高时间常数、低相关系数为矿化蚀变、金矿体赋存的标志。

⑧金属因数、频散率高值异常，为金矿体赋存的重要标志。

（2）地质—地球物理找矿模型

根据深部金矿成矿模式、岩石物性特征及地质—地球物理找矿标志等，综合建立了适宜于蚀变岩型深部金矿找矿的地质—地球物理找矿模型（图11）。

代表性金矿：焦家金矿床、三山岛金矿床、水旺庄金矿床、大尹格庄金矿床。

成矿模式要点：控矿断裂沿倾向呈现陡—缓相间的倾角变化规律，金矿沿断裂倾角的平缓部位和陡—缓转折部位富集。

成矿模式机理：断裂陡倾段相对开放完全，成矿流体沿断裂运移时逸散速度快，不宜沉淀成矿。断裂缓倾段为相对封闭空间，成矿流体横向逸散速度慢，交代充分，宜沉淀成矿。

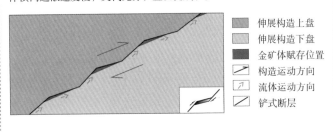

　　　　　■ 伸展构造上盘
　　　　　■ 伸展构造下盘
　　　　　■ 金矿体赋存位置
　　　　　 构造运动方向
　　　　　 流体运动方向
　　　　　 铲式断层

a.胶东地区脉状金矿控矿模式

控矿断裂特征：浅部位于玲珑花岗岩岩体内部，深部位于玲珑花岗岩与变质岩的断层接触带上，整体倾角较缓，呈上陡下缓的铲式构造特征。

矿体赋存特征：矿体往往发育于主断裂带下盘，顶部往往发育1~20cm厚层泥；浅部矿体规模小，形态变化大；深部矿体相对规模大，往往发育于相对缓倾部位，尤其是由陡变缓部位。

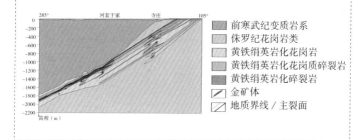

	前寒武纪变质岩系
	侏罗纪花岗岩类
	黄铁绢英岩化花岗岩
	黄铁绢英岩化花岗质碎裂岩
	黄铁绢英岩化碎裂岩
	金矿体
	地质界线／主裂面

b. 纱岭矿区 320 勘探线地质剖面

岩性	物性特征
二长花岗岩	平均密度 2.62g/cm³，平均磁化率区间（92~198）×10⁻⁶4πSI，平均电阻率区间 2500~6000Ω·m，平均极化率为 2.15%
花岗闪长岩	平均密度 2.65g/cm³，平均磁化率区间（480~610）×10⁻⁶4πSI，平均电阻率区间 2500~6000Ω·m，平均极化率为 2.25%
前寒武纪变质岩	平均密度区间 2.73~2.80g/cm³，磁化率区间（10~650）×10⁻⁶4πSI，电阻率区间 n·10~900Ω·m，平均极化率为 3.41%
蚀变岩	平均密度区间 2.5~2.55g/cm³，磁化率区间（5~100）×10⁻⁶4πSI，电阻率区间 600~900Ω·m，平均极化率可升至 7% 以上
矿体	平均密度区间 2.62~2.75g/cm³，磁化率区间（5~15）×10⁻⁶4πSI，电阻率区间 600~900Ω·m，蚀变矿化强烈的富矿石极化率可达 20% 以上

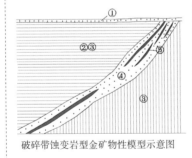

破碎带蚀变岩型金矿物性模型示意图

序号	岩性	物性特征
①	第四系	低阻、低极化、低密度、低磁性
②	前寒武纪变质岩	低阻、低极化、高密度、多变磁性
③	玲珑、郭家岭复式岩体	低密度、高阻、低极化、玲珑岩体为低磁性、郭家岭岩体为中－高磁性
④	蚀变岩	中高极化、多变磁性、中低阻、低密度
⑤	矿体	高极化、低密度、中高阻、低磁性

c.物性特征及物性模型

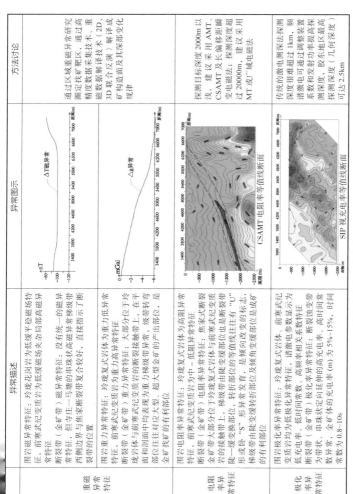

	异常描述	异常图示	方法讨论
重磁特征	围岩磁异常特征：玲珑花岗岩为低缓平稳磁场特征，前寒武纪变质岩为低缓磁场夹杂局部高磁异常特征；断裂带（金矿带）磁异常特征：没有统一的磁异常特征，但与焦家断裂带复杂多较好，直接指示了断裂带的位置 围岩重力异常特征：玲珑复式岩体为重力异常特征，前寒武纪变质岩为重力高异常特征；断裂带（金矿带）重力异常特征：大部分位于玲珑岩体与前寒武纪变质岩的断裂接触带上，在平面和剖面中均表现为重力梯级带异常，级带转折部位往往对应大型、超大型金矿的产出部位，是金矿找矿的有利部位	△T磁异常 / △g异常（CSAMT 与 SIP 等值线断面见下）	通过区域重磁异常研究圈定成矿靶区。通过高精度磁数据采集技术，重磁联合反演（2D、3D联合反演）解译成矿构造面及其深部变化规律
电阻率异常特征	围岩电阻率异常特征：玲珑岩体为高阻异常特征，前寒武纪变质岩为中－低阻异常特征；断裂带（金矿带）电阻率异常特征：焦家式断裂岩大部分位于玲珑岩体与前寒武纪变质岩的接触带上，梯级带由低阻变更值线往往在陡－缓变换部位，转折部位往往在有"U"形或即"S"形异常发育，是倾向改变或缓部位是成矿的有利部位	CSAMT 电阻率等值线断面	探测目标深度 2000m 以浅，建议采用 AMT，CSAMT 及长偏移距瞬变电磁法。探测深度超过 2000m，建议采用 MT 或广域电磁法
极化率异常特征	围岩极化率异常特征：玲珑岩体、前寒武纪变质岩均为低极化率异常特征；断裂带（金矿带）极化率异常特征：诸断裂带显示为高极化率、低时间常数，高频响应，断裂蚀变带的高充电率（m）为5%-15%，时间常数为0.8-10s	SIP 视充电率等值线断面	传统的激电法深度探测深度很难超过1km。频谱激电可通过调整发射系数和发射时间常数和占空比来提高探测深度。胶东地区最高探测深度（几何深度）可达2.5km

d. 综合地球物理异常特征及模型图示

图 11 破碎带蚀变岩型深部金矿—地球物理找矿模型

3. 3000m 深孔钻探技术装备研发、不同深度钻探技术组合

针对矿床埋藏深度大，破碎蚀变岩带厚度大，钻探施工中坍塌、漏水等孔内事故多发以及深孔成孔率低等问题，发明了"钻探堵漏增压装置和钻探装置"和"绳索取芯钢丝绳自动计数装置"，集成创新了"堵漏增压 + 自动计数 + 并联增大泵量 + 硬岩孕镶金刚石钻头及配套扩孔器"技术组合，解决了花岗岩硬岩与断裂破碎带交互出现的复杂岩层 3000m 深度小口径岩心钻探关键技术难题。

4. 深部金矿找矿技术方法组合

基于多方法探测—多信息融合—多目标识别的多参数精细地球物理模型，初步形成了 5000m 以浅的深部找矿技术方法组合（表 22）。

表22　深部金矿找矿技术方法组合

勘探标高	探测目标	技术方法组合
500m以浅，浅部找矿	硫化物富集体和断裂	高精度磁测扫面＋激发极化法（时间域）
500~2000m，探矿增储	成矿结构面和高极化矿化蚀变带	可控源音频大地电磁测量/音频大地电磁测量＋频谱激电测量＋电性源短偏移距瞬变电磁法
2000~3000m，探测评价	成矿结构面	广域电磁法＋音频大地电磁测量/大地电磁测量（频率域）
3000~5000m，远景评估	成矿结构面	反射地震＋大地电磁测量

（1）500m以浅深度金矿找矿方法组合

对于胶东地区金矿500m以浅深度地球物理探测，大比例尺高精度磁测扫面与激发极化法测量是最普遍有效的探测方法，二者时常搭配使用。激发极化法又以激电中梯扫面、激电联合剖面测量、激电测深为主。

其中大比例尺高精度磁测扫面对于矿床（田）尺度的金矿控矿断裂识别、成矿地质体圈定等具有明显效果，对于隐伏断裂及磁性地质体圈定具有一定优势。而 2.5D 磁测剖面反演、3D 磁化率物性反演应用于两盘差异物性断裂、隐伏岩体等的埋深、厚度、垂向形态等参数识别。面积性激电工作一般在磁测工作之后随即开展，主要用于金矿控矿断裂平面识别，以及对金矿相关的激电异常（极化率异常）进行圈定。激电联剖主要用于断裂露头及倾向的识别，激电测深主要用于高极化体的垂向分辨，激发极化法可用于焦家式金矿（一般为低阻高极化）、玲珑式金矿（高阻高极化或中低阻高极化）等胶东地区不同类型金矿探测。

（2）500 ~ 2000m 以浅深度金矿找矿方法组合

通过对胶东地区大量的深部找矿实践，将探测 2000m 以浅深度的地球物理方法归纳为两类。第一类方法的探测目标是深部金矿的控矿结构面，具有适应不同电磁噪声条件的技术方法；第二类方法是直接圈定深部高极化体，仅有频谱激电法，通过数据处理和反演解释推断深部地质体的激发极化效应，圈定高极化体（表23）。

表23 胶东地区金矿集区2000m以浅深部金矿探测
地球物理技术方法

勘探目标	噪声等级	最佳组合/方法组合
控矿结构面	微弱噪声干扰	音频大地电磁测量＋重力勘探
	中等噪声干扰	可控源音频大地电磁测量/广域电磁法＋重力勘探
	强烈噪声干扰	以重力勘探、地震勘探为主，广域电磁法为辅
高极化体（矿化蚀变带等）	中等（微弱）噪声干扰	频谱激电法

在胶东地区利用地球物理方法进行地表矿和浅部矿找矿阶段，应将探测控矿结构面与探测高极化体相结合，最佳方法技术组合是以"频率域电磁测深法＋频谱激电测量法"为主、重力勘探为辅，频率域电磁测深法根据噪声条件、成本等

确定。目前尚没有一种适用于各种条件、完美的深部金矿探测方法，深部找矿最有效的方法一定是多种物探技术的组合方法。

（3）2000 ～ 5000m 深度金矿找矿方法组合

地球物理勘探技术在 2000 ～ 5000m 深度区间进行深部金矿找矿的主要探测目标是成矿结构面，包括各种断层、断裂带、岩性接触带、构造滑脱带等。采用不同的地球物理方法组合进行深部探测，在微弱至中等强度的电磁干扰区，目前有效的深部金矿勘探方法组合为大地电磁测量 / 音频大地电磁测量 / 广域电磁法 + 重力勘探 + 地震勘探。在强烈电磁干扰区（如矿区、城镇等），宜采用以重力勘探 + 地震勘探为主、广域电磁法为辅的技术方法组合，对深部地质体及构造特征进行精细探测（表 24）。

表24　胶东地区金矿集区2000～5000m深度金矿探测
地球物理技术方法

探测目标	噪声分类	方法技术组合		说明
成矿结构面	中（弱）电磁干扰区	频域电磁测深法	大地电磁测量/音频大地电磁测量	根据探测深度的要求和电磁噪声情况选择大地电磁测量，音频大地电磁测量或者广域电磁法其中一种，辅以重力勘探，有条件的地段开展地震勘探
			广域电磁法	
		重力勘探		
		地震勘探		
	强烈电磁干扰区	重力勘探		电磁法受影响大，优选重力勘探＋地震勘探
		地震勘探		
		广域电磁法		

第四讲

深部金矿成矿预测技术

一、深部金矿成矿预测方法

1. 区域和矿床三维地质建模技术

通过对胶东地区和典型金矿区三维建模数据提取与转换、建模主题数据库构建、采用面元数据结构构建三维地质结构模型、采用体元数据结构构建三维地质属性模型等技术环节，构建三维地质模型，实现了深部地质结构"透明化"。如招远—莱州金矿集区的三维模型显示，与金成矿密切相关的玲珑岩体大致呈梯形，似层状产出；郭家岭型花岗岩呈楔形体，向深部延伸范围有限；伟德山和崂山型花岗岩呈塔形体，地表的小岩体具有较大的展布规模和深度；三山岛、焦家和招平断裂均为上陡下缓的铲式断裂（图12）。通过对典型金矿床三维模型的空间分析发现，断裂倾角大小与金矿床的矿化富集程度呈负相关，断裂表面坡度变化较大的区域易于金矿富集，断裂表面坡度变化率越大，金矿越富集，矿体主要赋存在断裂坡度由陡变缓部位。

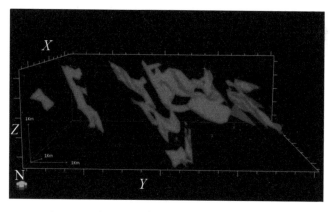

图 12　胶东岭南—李家庄金矿床矿体实体模型

2.基于赋矿断裂三维结构面特征的深部成矿预测方法

根据胶东地区金矿均受断裂控制的实际情况，在三维地质模型上提取各种识别控矿断裂和成矿结构面特征的预测要素（如构造缓冲区、构造产状、由陡变缓部位、构造表面变化率等），将有利于赋矿断裂产状梯变位置圈定为找矿靶区。结合胶东地区脉状金矿成矿后的隆升剥露历史，认为 –5000m 标高之上找矿潜力巨大。通过深部成矿信息挖掘与成矿空间数值模拟，建立了深部金矿与断裂构造的耦合关系。基于断裂缓冲区、断裂表面变化率等关键信息的深部金矿预测方法，首次预测胶东 –5000m 标高之上金资源总量达 10150t，为深部找矿奠定了基础。

二、胶西北地区深部金矿靶区预测

在三维地质模型成矿预测、地球物理成矿预测、地球化学成矿预测的基础上，共圈出 7 个找矿有利地段或找矿靶区（图 13），其中三山岛成矿带 2 个（尹家西北深部、西岭—北部海域深部），焦家成矿带 1 个（招贤深部），招平成矿带中南段 2 个（夏甸深部、大尹格庄深部），招平成矿带北段 1 个（栾家河—水旺庄深部），栖霞—蓬莱成矿区 1 个（臧家北深部）。根据靶区优选结果确定了 4 个可供近期勘查的优先推荐靶区。
A 级靶区 2 个：A1 招贤深部靶区，A2 水旺庄深
部靶区；B 级靶区 2 个：B1 尹家西北深部靶区，
B2 臧家北深部靶区。

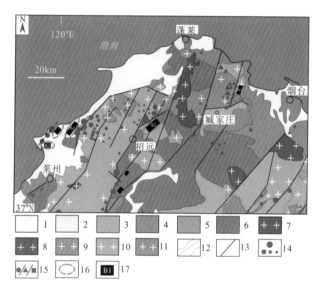

1. 第四系；2. 新近系、古近系；3. 白垩系；4. 古—新元古界；5. 新元古代花岗质片麻岩；6. 太古宙花岗—绿岩带；7. 白垩纪崂山花岗岩；8. 白垩纪伟德山花岗岩；9. 白垩纪郭家岭花岗闪长岩；10. 侏罗纪花岗岩；11. 三叠纪花岗岩；12. 整合/不整合地质界限；13. 断层；14. 已探明的金矿床位置（直径由大到小分别表示资源储量 ≥ 100t 的超大型金矿床、资源储量 20~100t 的大型金矿床、资源储量 5~20t 的中型金矿床和资源储量 < 5t 的小型金矿床）；15. 蚀变岩型金矿/石英脉型金矿/其他类型金矿；16. 预测成矿有利地段；17. 找矿靶区及编号

图 13　成矿有利地段和靶区分布简图

第五讲

靶区验证案例

水旺庄矿区位于招平断裂带北段玲珑金矿田的东南部，是全隐伏矿床，矿头埋深最浅处为564m。矿床的勘查工作始于21世纪初，最终探明了金资源量190余吨。在其深部A2靶区，经ZK3401钻孔（孔深3000.58m）验证，于2000m深度揭露破头青断裂碎裂岩带，见到近50m的连续金矿化显示；于–2700m附近揭露九曲蒋家断裂碎裂岩带，金品位7×10^{-6}，如图14所示。

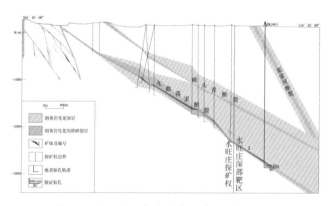

图14　水旺庄—李家庄金矿床34线剖面图

后　记

　　本书介绍的深部金矿预测勘查方法为山东省地矿局深部找矿创新团队共同努力所取得的成果，该方法应用于三山岛北部海域、辽上、水旺庄、玲南、李家庄、姜家窑、后仓矿区、西涝口等金矿勘探工作，实现找矿重大突破。

　　习近平总书记在给山东省地矿局第六地质大队全体地质工作者的重要回信中指出，"矿产资源是经济社会发展的重要物质基础，矿产资源勘查开发事关国计民生和国家安全""积极践行绿色发展理念，加大勘查力度，加强科技攻关，在新一轮找矿突破战略行动中发挥更大作用"，为我们做好新时期地质工作指明了前进方向，提供了根本遵循。

回首地质科研之路，山东省地矿局深部找矿创新团队一直秉承求实、求是、求精、求正的创新理念，聚焦国家重大需求，坚持把论文写在祖国大地上，努力"向地球深部进军"，在胶东地区中生代动力学演化、金属矿床成矿作用、成矿规律及找矿技术方法研究等方面取得了系列重要地质新发现和创新性成果，不断丰富和发展焦家式金矿成矿找矿理论技术方法，并推动胶东地区金矿找矿不断取得新突破。

成果的取得离不开团队成员的共同努力，更离不开专家们的指导帮助、广大同行们的合作交流和领导们的关心支持。科技创新只有起点没有终点。作为新时代的地质人，我们将在党的二十大精神和习近平总书记给山东省地矿局第六地质大队全体地质工作者的重要回信精神指引下，大力弘扬英雄地质队爱国奉献、开拓创新、艰苦奋斗的优良传统，坚定科技报国、为民造福的理想，在搭好平台、引育人才、强化攻关、加强合作等方面持续发力。聚焦科技赋能地质找矿，高质量集成、转化一批研究成果，培育更多新质生产力，为以中国式现代化全面推进强国建设、民族复兴伟业作出新贡献。

2024 年 9 月

山东省地矿局深部找矿创新团队

指导专家：侯增谦、邓军、孙丰月、宋明春、于学峰

首席专家：丁正江、周明岭

主要成员：鲍中义、刘彩杰、王斌、温桂军、吕军阳、张琪彬、王润生、范家盟、张亮亮、宋国政、徐韶辉、杨真亮、王珊珊、刘向东、刘国栋、刘洪波、贺春艳、薄军委、张军进、李勇、吴凤萍、王志新、纪攀

主要依托项目：

1. 胶东中生代动力学演化及主要金属矿床成矿系列研究。

2. 胶西北地壳深部结构与成矿机理研究。

3. 深部金矿资源评价理论、方法与预测研究。

图书在版编目（CIP）数据

丁正江工作法：焦家式金矿预测勘查 / 丁正江著.
北京：中国工人出版社，2024.7. -- ISBN 978-7-5008-
8491-0

Ⅰ. P618.510.8

中国国家版本馆CIP数据核字第2024UM0141号

丁正江工作法：焦家式金矿预测勘查

出 版 人	董　宽	
责 任 编 辑	魏　可	
责 任 校 对	张　彦	
责 任 印 制	栾征宇	
出 版 发 行	中国工人出版社	
地　　　址	北京市东城区鼓楼外大街45号　邮编：100120	
网　　　址	http://www.wp-china.com	
电　　　话	（010）62005043（总编室）	
	（010）62005039（印制管理中心）	
	（010）62379038（职工教育编辑室）	
发 行 热 线	（010）82029051　62383056	
经　　　销	各地书店	
印　　　刷	北京市密东印刷有限公司	
开　　　本	787毫米×1092毫米　1/32	
印　　　张	3.875	
字　　　数	47千字	
版　　　次	2024年10月第1版　2024年10月第1次印刷	
定　　　价	28.00元	

优秀技术工人百工百法丛书

第一辑　机械冶金建材卷

优秀技术工人百工百法丛书

第二辑　海员建设卷